Das

internationale

elektrische Maasssystem

im

Zusammenhange mit anderen Maasssystemen

dargestellt von

F. Uppenborn, Ingenieur,

Redacteur des Centralblattes für Elektrotechnik.

[Enthält die Beschlüsse der beiden Pariser Congresse (1881 und 1884) nebst
genauer Erläuterung von deren Consequenzen.]

2. Auflage.

München und **Leipzig.**
Druck und Verlag von R. Oldenbourg.
1884.

Vorwort.

Die nachfolgenden Aufsätze erschienen im 3. und 4. Bande der »Zeitschrift für angewandte Elektricitätslehre«. Dieselben entsprangen dem Bedürfnisse des Leserkreises nach einer leicht-verständlichen und übersichtlichen Darstellung der Maasssysteme. Nachdem die erste als Separatabdruck herausgegebene Auflage vergriffen ist, lasse ich jetzt die zweite folgen. Dieselbe ist gründlich revidirt und an einigen Stellen erweitert.

Der Verfasser.

§ 1.

Der elektrotechnische Congress in Paris beschloss in seiner dritten Plenarsitzung am 21. Sept. 1881 folgendes:

1. Man adoptirt für die elektrischen Maasse die Fundamentaleinheiten: Centimeter, Gramm-Masse, Secunde.
2. Die praktischen Einheiten behalten ihre gegenwärtige Definition bei: 10^9 für das Ohm und 10^8 für das Volt.
3. Die Widerstandseinheit (Ohm) wird dargestellt durch eine Quecksilbersäule von einem Quadratmillimeter Querschnitt bei der Temperatur 0^0 C.
4. Eine internationale Commission wird beauftragt, durch neue Experimente für die Praxis die Länge der Quecksilbersäule von einem Quadratmillimeter Querschnitt bei 0^0 C. zu bestimmen, welche den Werth des Ohm darstellt.
5. Man nennt Ampère den Strom, welchen ein Volt in einem Ohm hervorbringt.
6. Man nennt Coulomb die Quantität der Elektricität, welche durch die Bedingung definirt ist, dass ein Ampère per Secunde ein Coulomb gibt.
7. Man nennt Farad die Capacität, welche durch die Bedingung definirt ist, dass ein Coulomb in einem Farad ein Volt gibt.

Wie die erste These besagt, beruht das jetzt in Gebrauch befindliche internationale Maasssystem auf den drei Fundamentaleinheiten: Centimeter, Gramm-Masse und Secunde. Wir wollen nun im folgenden die elektrischen Maasseinheiten aus diesen Fundamentaleinheiten ableiten. Wir müssen uns hierbei eine gewisse Beschränkung auflegen, wenn wir nur das Wichtigste zusammenfassen und den Weg der Ableitung klar machen wollen.

Und letzteres ist unser vorgestecktes Ziel. Die elektrischen
Grössen sind von den jedermann bekannten Fundamentalgrössen
scheinbar so ungemein verschieden, dass es auf den ersten Augenblick unmöglich erscheint, zwischen beiden eine Beziehung auf-
zufinden, welche es erlaubt, die elektrischen Grössen in jenen
mechanischen Fundamentaleinheiten zu evaluiren. Ueber diese
Kluft eine Brücke zu bauen, deren Construction klar zu Tage
liegt, das soll die Aufgabe dieser Arbeit sein.

Zunächst sind es die mechanischen Maasseinheiten, welche
aus den Fundamentaleinheiten abgeleitet werden. Da nun die
rein mechanischen Vorgänge in der Natur mit den elektrischen
in einer sehr innigen Beziehung stehen, so wird es nützlich sein,
hier die Ableitung der absoluten mechanischen Einheiten kurz
zu recapituliren. Hierauf werden dann auch diejenigen Einheiten
berücksichtigt werden, welche sich in der maschinellen Praxis
Eingang verschafften.

§ 2. Die absoluten mechanischen Einheiten.

Messen heisst bekanntlich: eine zu messende Grösse mit einer
andern, welche man Einheit nennt, vergleichen. Man kann offen-
bar nur gleichartige Grössen mit einander vergleichen, woraus
mit Nothwendigkeit folgt, dass es ebenso viele Einheiten wie
Grössen geben muss.

Bei der Festsetzung dieser Einheiten kann man, und ist man
auch zum Theil ganz willkürlich verfahren. Ist z. B. 1 Fuss als
Längeneinheit festgesetzt, so kann ein Rechteck von 2×3 Zoll
sehr wohl die Flächeneinheit bilden. Wir haben in diesem Falle

$$\text{Flächeneinheit} = 2 \text{ Z.} \times 3 \text{ Z.} = \frac{1}{6} \text{ Längeneinh.} \times \frac{1}{4} \text{ Längeneinh.} =$$
$\frac{1}{24}$ Längeneinh.^{2}. Hat man also beide Seiten eines Rechtecks
nach der Längeneinheit ausgemessen, so muss man das Product
mit dem Coëfficienten $\frac{1}{24}$ dividiren, um die Grösse der Fläche in
Einheiten zu besitzen. Man sieht an diesem Beispiele sofort ein,
dass sich mit willkürlich gewählten Einheiten schlecht operiren
lässt, da man stets Multiplicationen mit Coëfficienten auszuführen
hat. Ferner ist ersichtlich, dass diese Coëfficienten in 1 über-

gehen, sobald man die eine Einheit aus der andern durch die einfachste Beziehung ableitet. So ergibt sich die Flächeneinheit $=$ Längeneinheit $\times$ Längeneinheit $=$ Quadrat der Längeneinheit.

Diese Ueberlegung hat sich immer mehr Geltung verschafft, so dass man jetzt ein einziges universelles Maasssystem besitzt. Und gerade darin besteht das Wesen des absoluten Maasssystems, dass die einzelnen Grössen desselben in den thunlich einfachsten Verhältnissen zu einander stehen.

Die Einheiten des absoluten Maasssystems zerfallen in zwei Kategorien, die fundamentalen und die abgeleiteten Einheiten. Die ersteren sind diejenigen, welche zu Anfang willkürlich angenommen werden. Ihre Anzahl ist möglichst zu beschränken. Auch müssen dieselben von solcher Beschaffenheit sein, dass sie an allen Punkten der Erdoberfläche stets den gleichen Werth besitzen.

§ 3. Die fundamentalen Einheiten.

Es wäre möglich gewesen, die Zahl der fundamentalen Einheiten auf zwei zu beschränken und unter Zuhilfenahme des Gravitationsgesetzes die Zeiteinheit aus der durch die Längeneinheit und Masseneinheit bestimmten Krafteinheit abzuleiten. Man hat dies aber nicht gethan, sondern allgemein die drei Fundamentaleinheiten: L ä n g e n e i n h e i t, M a s s e n e i n h e i t und Z e i t e i n h e i t adoptirt.

Die Längeneinheit. — Die Längeneinheit hat in den verschiedenen Ländern einen verschiedenen Werth; doch hat es den Anschein, als ob das Meter bald überall adoptirt sein würde. Das Meter ist angeblich der 10 000 000 ste Theil des Erdquadranten; allein diese Angabe ist ungenau, und wenn es sich um eine Definition der Längeneinheit handelt, so wird man am besten sich damit zu begnügen haben, dass dies die Länge eines Maassstabes sei, der von B o r d a angefertigt wurde und in den Kellern des Observatoriums von Paris aufbewahrt wird. Der Congress wählte den hundersten Theil des Meters, das Centimeter zur Längeneinheit, dessen Symbol C ist.

Die Masseneinheit. — Die Masseneinheit im metrischen System ist die Masse eines Cubikcentimeters destillirten Wassers

im Zustande seiner grössten Dichtigkeit (4° C.). Obschon sich
diese Einheit scheinbar aus dem metrischen System entwickelt,
ist sie doch eine willkürliche und fundamentale, da man ebenso
gut statt des Wassers irgend einen andern Körper hätte anwenden
können. Es ist nicht gut, die Masseneinheit Gramm zu nennen,
da man hiermit die Idee einer Kraft verbindet. Der Congress
nannte sie deshalb Gramm-Masse. Das Symbol der Masseneinheit ist G.

Die Zeiteinheit. — Als Zeiteinheit ist überall die Secunde
adoptirt, d. h. der 86 400 ste Theil des mittleren Sonnentages:
eine Grösse, welche durch die astronomische Beobachtung mit
grosser Schärfe bestimmt worden ist. Es ist bislang noch nicht
gelungen, Aenderungen dieser Grösse zu constatiren, so dass also
die weiter oben geforderte Constanz dieser Einheit bislang erfüllt
ist. Das Symbol der Sekunde ist S.

§ 4. Abgeleitete Einheiten.

Einheit der Geschwindigkeit. — Die Geschwindigkeit
eines in gleichförmiger Bewegung befindlichen Körpers nennt
man den Weg, welchen derselbe in der Zeiteinheit durcheilt.

$$v = \frac{l}{t}.$$

Die Einheit der Geschwindigkeit erhält man hiernach, wenn man
$v = 1$, $l = 1$, $t = 1$ setzt.

$$V = \frac{C}{S} = C S^{-1}.$$

Die Einheit der Beschleunigung. — Unter Beschleunigung versteht man die Vermehrung der Geschwindigkeit, die
ein Körper unter der Einwirkung einer Kraft in einer Secunde
erleidet.

$$p = \frac{l}{t^2}.$$

Die Einheit der Beschleunigung wird daher erhalten, sobald
$= 1$ und $t = 1$ gesetzt wird, oder

$$P = \frac{C}{S^2} = C S^{-2}.$$

Die Einheit der Kraft. — Die Kraft ist die unbekannte Ursache der Beschleunigung. Wie die Mechanik lehrt, ist die Kraft f, welche einem Körper eine beschleunigte Bewegung ertheilt, der Masse m und der Beschleunigung $\frac{v}{t}$ direct proportional. Also

$$f = c\,\frac{m\,v}{t},$$

worin c einen constanten Coëfficienten bezeichnet. Um die absolute Krafteinheit F zu haben, muss man $c = 1$, $m = 1$, $v = 1$, $t = 1$ setzen. Alsdann ist

$$F = \frac{G\,V}{S},$$

und da nun $V = C\,S^{-1}$, so ist $F = C\,G\,S^{-2}$.

Dieses sind die Dimensionen der absoluten Krafteinheit, der Dyne. In der Praxis benutzt man zum Vergleichen der Kräfte häufig die Schwerkraft; man wird hierdurch veranlasst, den Druck der Masseneinheit auf ihre Unterlage als Krafteinheit zu bezeichnen. Diese neue Einheit weicht jedoch von der absoluten ab. Nennen wir diese Krafteinheit, also das Gramm F_1, so ist $F_1 = 981\,F$, da ein fallender Körper in einer Secunde eine Geschwindigkeit von 981 ᶜᵐ erlangt. Die Zahl 981 wird mit g bezeichnet. Die absolute Krafteinheit oder Dyne ist hiernach 0,00102 Gramm. Da die Erdacceleration übrigens an verschiedenen Orten verschieden ist, so stellt die Masse eines Cubikcentimeters Wasser streng genommen niemals eine Krafteinheit dar, da eben der Druck, den ein Cubikcentimeter Wasser auf seine Unterlage ausübt, variabel ist. Das Gewicht eines Cubikcentimeters Wasser in einer Breite von λ^0 und einer Höhe Z wird ausgedrückt durch die Formel:

$$g_\lambda = 980{,}533\left[1 - 0{,}0025659 \cos 2\lambda\left(1 - \left(2 - \frac{3}{2}\cdot\frac{\varrho'}{\varrho}\right)\frac{Z}{R}\right)\right]\text{Dynen},$$

wobei ϱ das mittlere spec. Gewicht der Erde 5,5,

ϱ' das spec. Gewicht am Beobachtungsorte,

R den mittleren Halbmesser der Erde bezeichnet.

Für gewöhnlich kann man setzen

$$\varrho' = 2{,}5.$$

Alsdann reducirt sich die Formel folgendermaassen:

$$g_\lambda = 980{,}533 \left[1 - 0{,}0025659 \cos 2\lambda \left(1 - 1{,}32 \frac{Z}{R} \right) \right].$$

Im nachfolgenden geben wir eine Tabelle der den verschiedenen Breiten λ entsprechenden Werthe g_λ:

λ	g_λ für den Meeresspiegel		λ	g_λ für den Meeresspiegel	
40	980,096	Abnahme für je 100 m Erhebung = 0,0203	51	981,056	Abnahme für je 100 m Erhebung = 0,0203
41	980,183		52	981,142	
42	980,270		53	981,226	
43	980,357		54	981,310	
44	980,445		55	981,393	
45	980,533		56	981,475	
46	980,621		57	981,556	
47	980,709		58	981,636	
48	980,796		59	981,714	
49	980,883		60	981,791	
50	980,970				

Das Gewicht der Masseneinheit variirt vom Pol bis zum Aequator um etwa 0,5 %. Da diese Abweichung nur gering ist, so hat man in der technischen Praxis das Kilogramm $= 1000\,F_1$ allgemein als Krafteinheit adoptirt, während diese Einheit bei strengen physikalischen Untersuchungen als unzulässig bezeichnet werden muss.

Die Arbeitseinheit. — Unter Arbeit versteht man das Product aus der Kraft und der in der Kraftrichtung zurükgelegten Wegeslänge. Bezeichnen wir die Arbeit mit a, so ist

$$a = fl.$$

Es ist daher die absolute Arbeitseinheit, das Erg,

$$A = FC = C^2\,G\,S^{-2}.$$

Die Einheit des Effectes. — Effect nennt man die von einer Kraft in einer Secunde geleistete Arbeit. Effect ist daher das Maass der Leistungsfähigkeit und besitzt als solches vor allem ein technisches Interesse.

$$\text{Der Effect } e = \frac{a}{t}.$$

Die absolute auf C, G, S bezogene Einheit des Effectes ist daher

$$E = C^2 G S^{-3}.$$

Um kurz zu wiederholen, sind die absoluten mechanischen Einheiten folgende:

Einheit der Länge	$= C$
„ der Masse	$= G$
„ der Zeit	$= S$
„ der Geschwindigkeit	$= C S^{-1}$
„ der Beschleunigung	$= C S^{-2}$
„ der Kraft	$= C G S^{-2}$
„ der Arbeit	$= C^2 G S^{-2}$
„ des Effectes	$= C^2 G S^{-3}.$

§ 5. Technische Einheiten.

Einheit der Länge	$=$ Meter	$= 100\ C$
„ der Masse	$= \dfrac{\text{Kilogramm}}{9{,}81}$	$= 101{,}94\ G$
„ der Zeit	$=$ Secunde	$= 1\ S$
„ der Geschwindigkeit	$=$ Meter p. sec.	$= 100\ C S^{-1}$
„ der Beschleunigung	$=$ Meter p. sec.	$= 100\ C S^{-2}$
„ der Kraft	$=$ Kilogramm	$= 981000\ C G S^{-2}$
„ der Arbeit	$=$ Meterkilogramm	$= 98100000\ C^2 G S^{-2}$
„ des Effectes	$=$ Secundenmeterkilogramm	$= 98100000\ C^2 G S^{-3}$

Grössere Leistungen werden nach Pferdekräften gemessen. Die Bezeichnungen hierfür sind in England H. P. (horse power), in Deutschland P. S. (Pferdekräfte) oder auch H. P., in Frankreich cheval-vapeur.

Die französische und deutsche Pferdestärke	$= 75$ Secundenmeterkilogramm
dto.	$= 0{,}9863$ H. P.
Die englische Pferdestärke	$= 75{,}9$ Secundenmeterkilogramm
„ „ „	$= 550$ engl. Fusspfund per Stunde
„ „ „	$= 1{,}0139$ cheval-vapeur.

§ 6. Die absoluten elektrischen Maasssysteme.

Es scheint auf den ersten Augenblick ebenso einfach wie zweckmässig, bei der Ableitung der absoluten elektrischen Einheiten denselben Gedankengang wie bei den mechanischen zu befolgen. Allein wir stossen hier auf eine ganz besondere Schwierigkeit. Wir haben bisher jede Naturerscheinung als eine Bewegung betrachtet, wir haben die die Naturerscheinung charakterisirenden Grössen, wie Geschwindigkeit, Beschleunigung, Masse, Kraft, Arbeit und Effect, gemessen. Wie wenden wir das Verfahren auf die elektrischen Erscheinungen an? Welches ist Masse, welche die Bewegung ausführt? Welcher Art ist die Bewegung? oscillirend, rotirend, fortschreitend etc.? Beide Fundamentalprobleme sind noch ungelöst. Die Natur der Masse, welche, wenn sie durch eine Kraft in Bewegung gesetzt wird, einen elektrischen Strom erzeugt, ist uns noch immer unbekannt. Nur so viel wissen wir, dass dieselbe materieller Natur sein muss. Es ist hierbei völlig gleichgültig, ob man ein besonderes Fluidum, nach Edlund der hypothetische Lichtäther, annimmt, welches sich in den elektrischen Leitungen gleich einer Flüssigkeit translatorisch fortbewegt, oder ob man stoffliche Moleküle die Träger der actuellen Energie sein lässt, welche im elektrischen Strome sich darstellt; eine materielle Masse ist in beiden Fällen vorhanden, da sich ohne dieselbe eben eine actuelle Energie nicht denken lässt. Der Ausdruck für die lebendige Kraft oder actuelle Energie lautet: $\frac{m\,v^2}{2}$. Ist die Masse $m = 0$, so ist der ganze Ausdruck $= 0$' d. h. jeder Träger actueller Energie ist materiell.

Wie erhalten wir nun die Masseneinheit der Elektricität? Die Masseneinheit G wurde, wie wir gesehen haben, durch ihre räumliche Ausdehnung bestimmt. Da dies Verfahren für Elektricität nicht anwendbar ist, so können wir keine empirische Masseneinheit der Elektricität festsetzen, wir sind vielmehr gezwungen, die elektrische Masseneinheit auf anderem Wege festzusetzen. Es wird uns auch im folgenden gelingen, dieselbe auf die Fundamentaleinheiten C, G, S zurückzuführen, sobald wir die verschiedenen Wirkungen der Elektricität zu Grunde legen.

Wir gelangen auf diese Weise, je nach den zu Grunde gelegten Wirkungen, zu den absoluten elektrostatischen, elektrodynamischen, elektromagnetischen, elektromechanischen, elektrothermischen und electrochemischen Einheiten. Der Werth dieser Einheiten ist ein verschiedener, auch stehen die Einheiten des einen Systems zu denen des anderen Systems in keinem constanten Verhältnis.

Unter diesen verschiedenartigen absoluten Systemen haben das elektrostatische und das elektromagnetische eine überwiegende Bedeutung erlangt, wir werden daher unsere Betrachtungen auf diese beiden Systeme beschränken.

§ 7. Das elektrostatische System.

Die Masseneinheit. Zur Ableitung der Masseneinheit bedienen wir uns des Coulomb'schen Gesetzes. Dasselbe lautet: Die Anziehung oder Abstossung zwischen den von einander um r entfernten Elektricitätsmengen q und q' ist gleich dem durch das Quadrat der Entfernuug (r^2) dividirten Product beider.

$$\text{Also } f = \frac{q \cdot q'}{r^2}.$$

Wir erhalten hieraus die Masseneinheit Q, sobald wir $f = 1$, $q = Q$, $q' = Q$ und $r = C$ setzen. D. h., die elektrostatische Einheit der Elektricitätsmenge ist diejenige, welche auf eine gleich grosse, in der Einheitsentfernung befindliche eine Kraft ausübt, welche der Krafteinheit gleich ist.

Alsdann ist nämlich

$$F = \frac{Q^2}{C'^2}.$$

Hieraus ergibt sich

$$Q = \sqrt{F C^2}.$$

Da nun aber $\quad F = C G S^{-2},$

so folgt $\quad Q = C^{\frac{3}{2}} G^{\frac{1}{2}} S^{-1}.$

Die Stromeinheit lässt sich aus der Masseneinheit sogleich ableiten.

Nennen wir i die Stromstärke, so haben wir nach Faraday

$$i = \frac{q}{t}.$$

Hieraus ergibt sich die Stromeinheit J für $q = Q$ und $i = S$.
D. h., die elektrostatische Einheit der Stromstärke besitzt der-
jenige Strom, bei welchem in der Zeiteinheit die Masseneinheit
durch jeden Querschnitt des Leiters hindurchbefördert wird. Oder

$$J = C^{\frac{3}{2}} G^{\frac{1}{2}} S^{-2}.$$

Die Einheit der elektromotorischen Kraft. — Ehe
wir die Einheit der elektromotorischen Kraft ableiten, wird es
nützlich sein, zuvörderst einige Betrachtungen anzustellen, um
den Begriff klar zu machen.

Man denke sich zwei isolirte Metallkugeln von unendlich
kleinem Durchmesser. In jenen Kugeln oder Punkten seien gewisse Quantitäten von Elektricität angehäuft, so wird zwischen
beiden Punkten eine Kraftäusserung stattfinden, welche durch
das Coulomb'sche Gesetz gegeben ist. Je nachdem in beiden
Punkten gleichnamige oder ungleichnamige Elektricitäten angehäuft sind, wird diese Kraftäusserung in einer Anziehung oder
Abstossung bestehen. In dem letzteren Falle bedarf es einer
Kraft, beide Punkte einander zu nähern. Bei einer solchen An-
näherung wird daher Arbeit verbraucht.

Es ist also ersichtlich, dass die beiden Punkte mit einer
gewissen Energiemenge oder Arbeitsvorrath begabt sind. Die
Punkte können also je nach der Art ihrer Elektrisirung Arbeit
verrichten, wenn man sie einander nähert oder von einander
entfernt. Jeder der beiden Punkte besitzt daher eine der in
ihm angehäuften Electricitätsmenge entsprechende virtuelle Energie.
Man nennt diese virtuelle Energie das Potential des Punktes. Das
Potential der Erde nennt man Null, obschon der absolute Nullpunkt
sowie die Potentiale anderer Gestirne unbekannt sind. Jeder mit
der Erde in leitender Verbindung stehende nicht elektromotorisch
wirkende Körper hat das nämliche Potential; man nennt ihn un-
elektrisch.

Nach Sir William Thomson besitzt ein Punkt die Einheit
des Potentiales, wenn man die Arbeitseinheit verbraucht, indem
man die Einheit der Elektricitätsmenge aus unendlicher Ent-
fernung an jenen Punkt transportirt, ohne im übrigen die elektrische Vertheilung daselbst zu alteriren. Aus dieser Definition

geht hervor, dass die Arbeitsmenge, welche erforderlich ist, um die Einheit der Elektricitätsmenge von einem Punkte nach einem andern zu transportiren, der Differenz der Potentiale proportional ist. Wenn nun jene Arbeitsmenge gleich der Arbeitseinheit ist, so erhellt, dass auch die Potentialdifferenz gleich der Einheit sein muss.

Haben zwei Punkte ein verschiedenes Potential, so findet zwischen ihnen eine Kraftäusserung statt, solange sie von einander isolirt sind. Sobald man sie jedoch durch eine metallische Leitung verbindet, wird ein elektrischer Strom resultiren. Dieser Strom ist ein momentaner, wenn die Punkte nicht durch eine andere Kraft auf constanter Potentialgrösse erhalten werden, Dies ist z. B. der Fall bei einem Condensator einer Leidener Flasche etc. Sobald man die beiden Belegungen metallisch verbindet, tritt eine Entladung ein, wobei die Stromstärke schon nach einer ausserordentlich kurzen Zeit den Werth Null erreicht.

Ganz anders verhält sich die Sache, wenn die Potentiale der beiden Punkte, welche man durch den Leiter verbindet, durch eine Kraft stets constant erhalten werden. Eine solche Kraft nennt man elektromotorische Kraft. Es ist hier der Ort, den Unterschied zwischen elektromotorischer Kraft und Potentialdifferenz einmal zu präcisiren, da diese beiden Begriffe selbst in den Abhandlungen vorzüglicher Elektriker durch einander gewürfelt und vertauscht werden.

Die elektromotorische Kraft hat das Bestreben, in zwei Punkten stets eine Potentialdifferenz zu erhalten. Die Potentialdifferenz ist also das Resultat der elektromotorischen Kraft. Da beide Grössen hiernach von derselben Art sind, so ist es selbstverständlich, dass man sie nach ein und derselben Maasseinheit misst. Hierdurch darf man sich aber nicht verführen lassen, beide Begriffe als identisch anzusehen. Hat man zwei ungleichnamig elektrisirte Kugeln, welche von einander isolirt sind, so herrscht zwischen beiden eine Potentialdifferenz, aber keine elektromotorische Kraft. Eine elektromotorische Kraft herrscht niemals zwischen indifferenten Körpern. Eine elektromotorische Kraft setzt stets eine energische Einwirkung zwischen zwei Körpern voraus. Diese Einwirkung kann nun sehr verschiedenartig sein. Sie ist, sobald die elektromotorische Kraft eine Arbeit leistet, d. h. einen Strom erzeugt, stets mit einer Consumtion von Arbeit verbunden. Diese Arbeitsconsumtion kann bestehen in der Verzehrung chemischer Energie, d. h. im Verbrauch von Wärme, wie z. B. in den hydrogalvanischen Ketten und in den Thermosäulen. Sie kann auch bestehen in der Consumtion mechanischer Arbeit, wie z. B. in den Reibungselektrisirmaschinen, in den Magnetoinductionsmaschinen und in den dynamoëlektrischen Maschinen.

Nehmen wir der Einfachheit wegen den Fall eines constanten hydrogalvanischen Elementes. Bei einem solchen Elemente ist die elektromotorische Kraft constant; die Potentialdifferenz beider Elektroden hängt jedoch ab von dem Verhältnis des inneren Widerstandes zum äusseren. Die Potentialdifferenz ist nur in dem einzigen Falle gleich der elektromotorischen Kraft, wenn der Widerstand des äusseren Schliessungskreises unendlich ist, d. h. wenn das Element geöffnet ist.

Es sei: e die elektromotorische Kraft eines constanten Elementes,

w der innere Widerstand desselben,

l der Widerstand der Leitung, welche die Klemmen des Elementes verbindet,

V das Potential der positiven Elektrode,

V' das Potential der negativen Elektrode.

Alsdann existirt folgende Beziehung:

$$\frac{e}{w+l} = \frac{(V - V')}{l}$$

$$e = (V - V')\frac{w+l}{l} \quad \ldots \ldots \quad (1$$

$$(V - V') = e\frac{l}{w+l}. \quad \ldots \ldots \ldots \quad (2$$

Durch die Gleichungen 1 und 2 ist das Verhältnis der elektromotorischen Kraft zur Potentialdifferenz an den Polen des betrachteten Elektromotors vollkommen ausgedrückt. Die Gleichung 1 zeigt auch, dass nur für

$$l = \infty$$
$$e = (V - V')$$

ist, wie oben bereits angeführt.

Aus der vorhergehenden Betrachtung erhellt, dass die beiden Grössen, elektromotorische Kraft und Potentialdifferenz, von ein und derselben Natur sind. Sie unterscheiden sich dadurch, dass man die Potentialdifferenz zweier Punkte unter allen Umständen direct messen kann, während man die Grösse der elektromotorischen Kraft, welche in einem Stromkreise thätig ist, in der Regel erst berechnen muss. Beide Grössen werden daher nach einer Einheit gemessen. Wir nennen diese Einheit die Einheit der elektromotorischen Kraft. Nach dem vorher Angeführten ergibt sich folgende Definition:

Zwischen zwei Punkten wird eine elektromotorische Kraft (oder besteht eine Potentialdifferenz) vom Werthe Eins, wenn man die Einheit der Arbeit aufwenden muss, um die Einheit der Elektricitätsmenge von dem einem Punkte zu dem andern zu transportiren.

Oder: Die Einheit der elektromotorischen Kraft ist gleich der Potentialdifferenz zweier Punkte, welche, wenn man sie constant erhält, bewirkt, dass die Einheit der Elektricitätsmenge die Arbeitseinheit leistet, wenn sie den Weg zwischen jenen zwei Punkten durchläuft.

Nennen wir, wie früher

A die Arbeitseinheit,

Q die Einheit der Elektricitätsmenge,

E die Einheit der elektromotorischen Kraft,

so haben wir nach dem vorhergehenden die Gleichung

$$A = Q E$$

oder

$$E = \frac{A}{Q}.$$

Nun ist, wie wir bereits ableiteten:

$$A = C^2 G S^{-2} \text{ [1])}$$

und

$$Q = C^{\frac{3}{2}} G^{\frac{1}{2}} S^{-1} \text{ [2])}.$$

---

[1]) Siehe S. 10.   [2]) Siehe S. 13.

Es ist daher
$$E = \frac{C^2\, G\, S^{-2}}{C^{\frac{1}{2}}\, G^{\frac{1}{2}}\, S^{-1}}$$

$$E = C^{\frac{1}{2}}\, G^{\frac{1}{2}}\, S^{-1}$$

Die Widerstandseinheit. Um das elektrostatische System zu completiren, fehlt uns nur die Widerstandseinheit. Doch können wir diese Einheit aus den bereits festgestellten sehr leicht ableiten. Das Ohm'sche Gesetz lautet

$$i = \frac{e}{r}.$$

Daraus folgt
$$r = \frac{e}{i},$$

oder
$$R = \frac{E}{J}.$$

Nun ist, wie wir soeben ableiteten:

$$E = C^{\frac{1}{2}} G^{\frac{1}{2}} S^{-1}$$

und
$$J = C^{\frac{3}{2}} G^{\frac{1}{2}} S^{-2}$$

Daher ist
$$R = \frac{C^{\frac{1}{2}}\, G^{\frac{1}{2}}\, S^{-1}}{C^{\frac{3}{2}}\, G^{\frac{1}{2}}\, S^{-2}}$$

$$R = C^{-1} S.$$

Die elektrostatische Widerstandseinheit ist, wie man sieht, das Reciproke einer Geschwindigkeit.

Um zu resümiren, sind die Einheiten des elektrostatischen Maasssystems folgende:

Einheit der Elektricitätsmenge $= C^{\frac{3}{2}} G^{\frac{1}{2}} S^{-1}$

,,   ,, Stromstärke $= C^{\frac{3}{2}} G^{\frac{1}{2}} S^{-2}$

,,   ,, elektromotorischen Kraft $= C^{\frac{1}{2}} G^{\frac{1}{2}} S^{-1}$

,,   des Widerstandes $= C^{-1} S.$

§ 8. Das elektromagnetische System.

Das elektromagnetische System basirt auf den magnetischen Erscheinungen des elektrischen Stromes. Das System wurde

zuerst von Wilhelm Weber in Göttingen aufgestellt. Weber
wählte jedoch als Fundamentaleinheiten die Grössen: Millimeter,
Milligramm, Secunde. Diese drei Grössen eignen sich zur Grund-
lage eines wissenschaftlichen Maasssystems in ganz besonderem
Grade, da sie die kleinsten sind, welche direct und ohne besonders
feine Instrumente gemessen werden können.

Allein diese Maasse, als besonders auch die darauf basirten
elektrischen Maasse, sind so ausserordentlich klein, dass man
stets grosse Zahlen erhält, sobald man einen praktischen Werth
darin evaluiren will. Sie wurden daher später von der British
Association durch die Grössen: Centimeter, Gramm, Secunde er-
setzt und ausserdem mit geeigneten Factoren versehen. Das
hierauf basirte Maasssystem fand auch die Billigung des Congresses
der Elektriker und wurde adoptirt.

Da wir hier elektrische Maasse durch elektromagnetische
Kraftwirkungen ausdrücken wollen, so ist es nothwendig, zuvörderst auch die wichtigsten magnetischen Maasseinheiten abzuleiten. Bei der Ableitung der magnetischen Einheiten gehen wir
am einfachsten von einer materiellen Anschauung aus. Wir
denken uns den Magnetismus als ein Fluidum und wenden das
Coulomb'sche Gesetz an in derselben Weise, wie wir es bei
der Ableitung der elektrostatischen Einheit der Elektricitätsmenge[1])
thaten. Nennen wir alsdann M die Einheit des magnetischen
Fluidums, so haben wir die Gleichung:

$$\frac{M^1}{C^2} = F = CGS^{-2}.$$

Hieraus folgt $\qquad M = C^{\frac{3}{2}}G^{\frac{1}{2}}S^{-1} \quad \ldots \ldots \quad (1$

Wir sehen, dass wir denselben Ausdruck erhalten, als a. a. O.
für die Einheit der Elektricitätsmenge. Wir wissen ferner, dass
ein Magnetpol den Zustand des ihn umgebenden Raumes verändert. Man nennt den Raum, welcher durch das Vorhandensein
von freiem Magnetismus verändert wird, das magnetische Feld.
Bringen wir nun die magnetische Einheit M in ein solches Feld,
so wird dieselbe eine Krafteinwirkung erfahren, welche entweder

---

[1]) Siehe S. 13.

eine Anziehung oder eine Abstossung ist, je nach den Vorzeichen der Einheit M und der Natur des magnetischen Feldes. Aus dieser Vorstellung folgt, dass ein magnetisches Feld die Intensität Eins besitzt, wenn es auf die Einheit M die Krafteinheit ausübt.

Nennen wir Φ jene Intensität, so existirt die Beziehung

$$\Phi M = F \quad . \quad . \quad . \quad . \quad . \quad . \quad . \quad . \quad . \quad . \quad (2$$

$$\Phi = \frac{F}{M} = \frac{CGS^{-c}}{C^{\frac{3}{2}}G^{\frac{1}{2}}S^{-1}}$$

$$\Phi = C^{-\frac{1}{2}}G^{\frac{1}{2}}S^{-1} \quad . \quad . \quad . \quad . \quad . \quad . \quad (3$$

Auch ein elektrischer Strom erzeugt ein magnetisches Feld. Denken wir uns einen Draht von der Länge Eins, dessen sämmtliche Punkte von einem ausserhalb des Drahtes liegenden Punkte um die Länge Eins entfernt sind. Dieser Draht ist also nach einem Kreisbogen gekrümmt, dessen Länge $= 1$ ist und der eine solche Lage bezüglich des Punktes besitzt, dass die Länge eines von diesem Punkt ausgehenden Radiusvector constant und $= 1^{cm}$ ist. Wir nennen nun diejenige Stromstärke die elektromagnetische Einheit, welche in dem Krümmungsmittelpunkt des Drahtes die Einheit des magnetischen Feldeserzeugt.

Nach Gl. 2 ist $F = M\Phi$.

Nun ist aber Φ in dem eben beschriebenen Falle direct proportional der Stromintensität und der Länge des Drahtes, dagegen umgekehrt proportional dem Quadrate des Radius. Also

$$\Phi = a \cdot \frac{Jl}{r^2} \quad . \quad . \quad . \quad . \quad . \quad . \quad . \quad (4$$

Der Coëfficient a geht über in 1, sobald l und r ebenfalls $= 1$ sind. Also

$$\Phi = \frac{JC}{C^2}.$$

Daraus folgt $J = \Phi C . \quad . \quad . \quad . \quad . \quad . \quad . \quad (5$

Setzen wir den Werth für Φ aus Gl. 3 in Gl. 5 ein, so erhalten wir $J = C^{\frac{1}{2}}G^{\frac{1}{2}}S^{-1}$.

Die Einheit der Elektricitätsmenge lässt sich aus der Stromeinheit leicht ableiten. Nach Faraday haben wir die Beziehung: $q = it$.

Also
$$Q = C^{\frac{1}{2}} G^{\frac{1}{2}}.$$

Die Einheit der elektromotorischen Kraft ergibt sich ferner nach der Formel

$$E = \frac{A}{Q}$$

$$E = \frac{C^2 G S^{2-}}{C^{\frac{1}{2}} G^{\frac{1}{2}}} = C^{\frac{3}{2}} G^{\frac{1}{2}} S^{-1}$$

Die Widerstandseinheit bestimmt sich aus dem Vorhergehenden unter Anwendung des **Ohm'schen Gesetzes.**

$$J = \frac{E}{W}$$

$$W = \frac{E}{J}$$

oder

$$W = \frac{C^{\frac{3}{2}} G^{\frac{1}{2}} S^{-2}}{C^{\frac{1}{2}} G^{\frac{1}{2}} S^{-1}}$$

$$W = C S^{-1}.$$

Die Widerstandseinheit ist daher eine Geschwindigkeit.

Die Einheit der Capacität. Man nennt die Capacität K eines Leiters das constante Verhältnis $\frac{q}{e}$, d. h. Spannung $\times$ Capacität = Ladung. Die Einheit der Capacität ist daher gleich

$$K = \frac{Q}{E} = \frac{C^{\frac{1}{2}} G^{\frac{1}{2}}}{C^{\frac{3}{2}} G^{\frac{1}{2}} S^{-2}}$$

$$K = C^{-1} S^2.$$

Recapitulation der auf C, G, S. bezogenen Einheiten des elektromagnetischen Maasssystems.

Einheit der Stromstärke		$= C^{\frac{1}{2}} G^{\frac{1}{2}} S^{-1}$
»	» Elektricitätsmenge	$= C^{\frac{1}{2}} G^{\frac{1}{2}}$
»	» elektromotorischen Kraft	$= C^{\frac{3}{2}} G^{\frac{1}{2}} S^{-2}$
»	» des Widerstandes	$= C S^{-1}$
»	» der elektrischen Capacität	$= C^{-1} S^2$

Zur Vergleichung des elektromagnetischen und elektrostatischen Systems geben wir folgende Tabelle.

Dimensionen der Einheit für	System		Verhältnis beider
	elektromagnet.	elektrostat.	
Elektricitätsmenge . .	$C^{\frac{1}{2}}G^{\frac{1}{2}}$	$C^{\frac{3}{2}}G^{\frac{1}{2}}S^{-1}$	V^{-1}
Stromstärke	$C^{\frac{1}{2}}G^{\frac{1}{2}}S^{-1}$	$C^{\frac{3}{2}}G^{\frac{1}{2}}S^{-2}$	V^{-1}
Widerstand	CS^{-1}	$C^{-1}S$	V^2
Elektromotorische Kraft	$C^{\frac{3}{2}}G^{\frac{1}{2}}S^{-2}$	$C^{\frac{1}{2}}G^{\frac{1}{2}}S^{-1}$	V

§ 9. Das System der British Association.

Wie wir schon vorher bemerkten, hat die British Association die elektromagnetischen Einheiten durch Hinzufügung geeigneter Faktoren auf eine der Praxis angemessene Grösse gebracht. Wir geben über die Benennungen und jene Factoren die folgende tabellarische Zusammenstellung.

Zu messende Grösse	Name		Verhältnis zur absol. Einheit $C\,G\,S$
Elektricitätsmenge . .	Megaweber		10^5
	Weber		10^{-1}
	Mikroweber		10^{-7}
Stromstärke	Megaweber		10^5
	Weber	per Secunde	10^{-1}
	Mikroweber		10^{-7}
Widerstand	Megohmad		10^{15}
	Ohmad		10^9
	Mikrohmad		10^3
Elektromotorische Kraft	Megavolt		10^{14}
	Volt		10^8
	Mikrovolt		10^2
Elektrische Capacität .	Megafarad		10^{-3}
	Farad		10^{-9}
	Mikrofarad		10^{-15}

§ 10. Das internationale elektrische Maasssystem.

Wir haben gleich anfangs die Beschlüsse des Congresses mitgetheilt. Durch dieselben ist das System der British Association adoptirt. Nur sind einige Benennungen geändert.

Zu messende Grösse	Name		Verhältnis zur absol. Einheit $C\,G\,S$	Symbol[1]
Elektricitätsmenge . .	Megacoulomb . . .		10^5	Cb
	Coulomb		10^{-1}	
	Mikrocoulomb . . .		10^{-7}	
Stromstärke	Megampère . . .		10^5	A
	Ampère		10^{-1}	
	Mikroampère . .		10^{-7}	

[1] Schreibweise des Centralblattes für Elektrotechnik.

Zu messende Grösse	Name	Verhältnis zur absol. Einheit $C\,G\,S$	Symbol[1]
Widerstand	Megohm	10^{15}	
	Ohm	10^9	Ω
	Mikrohm	10^3	
Elektromotorische Kraft	Megavolt.	10^{14}	V
	Volt	10^8	
	Mikrovolt	10^2	
Elektrische Capacität .	Megafarad	10^{-3}	Φ
	Farad	10^{-9}	
	Mikrofarad	10^{-15}	
Arbeit	Voltcoulomb . . .	10^{-7}	VCb
Effect	Voltampère	10^{-7}	VA

In der Praxis haben sich die zwei letzten Einheiten heraus-
gebildet, nämlich die Einheiten der Arbeit und der Effect oder
das Voltcoulomb resp. Voltampère, welche mit den mechanischen
Arbeitseinheiten (siehe S. 10) identisch sind, wenn man sie mit
10^7 multiplicirt.

Endlich findet man noch die Einheiten:

1 Stundenampère = 3600 Coulombs

1 Stundenvoltampère = 3600 Voltcoulombs.

Das Tausendfache dieser letzteren Einheit wird vom Board
of Trade für die englischen Beleuchtungscompagnien als Arbeits·
einheit bestimmt.

§ 11. Die gesetzlichen Einheiten im Vergleich mit anderen.

Um die Beschlüsse des Pariser Congresses vom Jahre 1881
zu Ende zu führen, fand in diesem Jahre ein zweiter Congress
statt, welcher am 3. Mai folgende ergänzende Beschlüsse fasste:

»Das gesetzliche Ohm wird dargestellt durch eine Quecksilbersäule von 1 Quadratmillimeter Querschnitt und 106 Centimeter Länge bei der Temperatur des schmelzenden Eises.

Das Ampère ist gleich 10^{-1} elektromagnetischen $(C\,G\,S)$
Stromeinheiten.

Das Volt ist die elektromotorische Kraft, welche einen Strom
von einem Ampère in einem Widerstande von einem Ohm erhält.

Unabhängig von dem Uretalon des Widerstandes, welcher
durch eine Quecksilbersäule dargestellt wird, kann man Ein-

---

[1] Schreibweise des Centralblattes für Elektrotechnik.

heiten in fester Form aus Neusilber, Platinsilber, Platin
irridium darstellen, welche häufig unter sich und mit der
Ureinheit zu vergleichen sind.« Während die legalen Einheiten möglichst den absoluten (CGS)
Einheiten gleichen, ist ihre endgültige gesetzliche Definition eine
gemischte geblieben. Im nachfolgenden wollen wir nun die ge-
setzlichen Einheiten ihrem Werthe nach mit anderen bestehenden
Einheiten vergleichen.

Das Ohm (Ω). Es ist ja bekannt, dass allen bis jetzt in Vor-
schlag gebrachten Methoden zur Bestimmung des Ohm Mängel
anhaften; es ist auch bis jetzt keineswegs wahrscheinlich, dass
es jemals gelingen wird, die Zahl über die Tausendstel hinaus
genau festzustellen. Es ist deshalb auch durchaus richtig, wenn
der Congress sich mit der obigen dreistelligen Zahl begnügte.
Was nun den Zahlenwerth anbelangt, so geben wir in nachfol-
gendem eine Tabelle der früheren Bestimmungen des Ohm.

1865	British Association	104,83
1873	Lorenz	107,10
1874	F. Kohlrausch	105,91
1877	H. F. Weber	$\begin{cases} 104,76 \\ 104,67 \end{cases}$
1878	Rowland . -	105,79
1881	Lord Rayleigh und Schuster . .	106,00
1882	Dorn	105,46
1882	Lord Reyleigh und Sidgwick . .	106,24
1883	Wild	$\begin{cases} 105,711 \\ 105,678 \end{cases}$
1884	Mascart, de Nerville und Benoit	106,33

Zieht man aus allen Bestimmungen das Mittel, so ergibt sich
105,7 oder abgerundet auf drei Decimalen 106.

Betrachten wir nun mit Rücksicht auf das nunmehr bestimmte
gesetzliche Ohm[1]) die jetzt verbreiteten Widerstandetalons.
Von diesen ist der wichtigste die Siemens-Einheit:

---

[1]) Wir werden für das legale Ohm das Zeichen Ω beibehalten.

$$1\ \Omega = 1{,}060\ \text{S.-E.}$$
$$1\ \text{S.-E.} = 0{,}9434\ \Omega.$$

Ausser diesen Etalons wurden in letzter Zeit von der Firma Siemens & Halske noch Ohmwiderstände fabricirt.

Dieses Ohm $= 1{,}0615$ S.-E.

Eine andere besonders in England und Frankreich gebräuchliche Einheit ist das O h m d e r B r i t i s h A s s o c i a t i o n.

$$1\ \Omega = 1{,}01018\ \Omega\ \text{(B. A.)}$$
$$1\ \Omega\ \text{(B. A.)} = 0{,}98991\ \Omega.$$

Das Ampère (A) ist von den Congressbeschlüssen nicht betroffen, sondern hat seinen früheren Werth beibehalten.

Da K o h l r a u s c h neuerdings das elektrochemische Aequivalent des Silbers mit grosser Genauigkeit bestimmt hat, so kann man vortheilhaft das Silbervoltameter anwenden. Nach K o h l r a u s c h schlägt ein Ampère in der Secunde $1{,}1183^{\text{mg}}$ oder in einer Stunde $4{,}025^{\text{g}}$ Silber nieder.

Das Volt (V). Den früheren Bestimmungen elektromotorischer Kräfte lag das Volt der British Association zu Grunde.

Dieses Volt ist durch folgende Gleichung definirt.

$$V\,\text{(B. A.)} = \Omega\,\text{(B. A.)} \cdot A \quad . \quad . \quad . \quad . \quad . \quad . \quad (6$$

Hingegen ist jetzt das legale Volt:

$$V = \Omega \cdot A \quad . \quad . \quad . \quad . \quad . \quad . \quad . \quad (7$$

Es ergibt sich also:

$$V = \frac{\Omega}{\Omega\,\text{(B. A.)}}\ V\,\text{(B. A.)} \quad . \quad . \quad . \quad (8$$

und

$$V\,\text{(B. A.)} = \frac{\Omega\,\text{(B. A.)}}{\Omega}\ V \quad . \quad . \quad . \quad . \quad (9$$

Drücken wir in den Gleichungen 8 und 9 das Ω (B. A.) in Ω aus, so ergeben sich:

$$V = \frac{1}{0{,}98991}\ V\,\text{(B. A.)} = 1{,}01018\ V\,\text{(B. A.)} \quad . \quad . \quad (8\,\text{a}$$

$$V\,\text{(B. A.)} = 0{,}98991\ V \quad . \quad . \quad . \quad . \quad . \quad (9\,\text{a}$$

Wenden wir dies auf die Normalelemente an.

Es war die elektromotorische Kraft des Normalelementes:

Latimer Clark[1]) . . $E = 1{,}457\ V$ (B. A.)
Post office[2]) . . $E = 1{,}079\ V$ (B. A.)
Kittler[3]) . . . . $E = 1{,}1943\ V$ (B. A.)

In dem legalen Volt ausgedrückt sind die elektromotorischen Kräfte jetzt:

Latimer Clark . . . $\boldsymbol{E} = 1{,}442\ \boldsymbol{V}$
Post office . . . . $\boldsymbol{E} = 1{,}068\ \boldsymbol{V}$
Kittler . . . . . $\boldsymbol{E} = 1{,}182\ \boldsymbol{V}$

Der neue Werth $1{,}442\ V$ für die elektromotorische Kraft des Clark'schen Etalons stimmt auch annähernd mit dem von Lord Rayleigh und Frau Sidgwick gefundenen Werthe (1,434).

Das Coulomb (*Cb*) wird durch die Congressbeschlüsse nicht geändert, wohl aber erhält **das Farad (*K*)** einen von dem K (B. A.) abweichenden Werth. Dasselbe ergibt sich wie folgt:

$$Cb\,(\text{B. A.}) = K\,(\text{B. A.}) \cdot V\,(\text{B. A.}). \quad \ldots \quad \ldots \quad \ldots \quad (10$$

$$Cb \quad = K \cdot V \quad \ldots \quad \ldots \quad \ldots \quad \ldots \quad (11$$

$$\boldsymbol{Cb}\,(\text{B. A.}) = \boldsymbol{Cb} \quad \ldots \quad \ldots \quad \ldots \quad \ldots \quad (12$$

$$\boldsymbol{K}\,(\text{B. A.}) = K\,\frac{V}{V\,(\text{B. A.})} = 1{,}01018\ K \quad \ldots \quad \ldots \quad (13$$

$$\boldsymbol{K} \quad = K\,(\text{B. A.})\,\frac{V\,(\text{B. A.})}{V} = 0{,}98991\ \boldsymbol{K}\,(\text{B. A.}) . \quad (14$$

Die bisherige Definition der **Pferdestärke** zu 736 VA bleibt aus dem Grunde bestehen, weil das Ohm als mit $10\ CS^{-1}$ identisch angesehen wird.

---

[1]) Latimer Clark, Proceedings of the Royal Society of London Vol. XX p. 444 — 448.
[2]) Kempe, Electrical Review Vol. X p. 18.
[3]) Uppenborn, Centralblatt Bd. 5 S. 403.